# 少儿财商
## 素质培养必读

陈圣雄◎著

初级版

海天出版社（中国·深圳）

# 小朋友的分享与感动

## 信信 9岁

"妈妈，冰激凌是'想要'，以后我不能吃冰激凌了怎么办？"老师教我们在决定购买东西前，仔细思考是想要，还是需要。
（2009年4月香港儿童品格理财营）

## 小儒 12岁

外国老师教我们认识许多外国钱币，感觉很有趣，我将来会赚到世界上各个国家的钱，并用这些钱去全世界旅行。

## 小彤 10岁

我觉得爸妈赚钱很辛苦，我从理财营学会自己打工赚零用钱。

## 小喆 12岁

我从营队中知道股票的操作方法，也经过爸妈允许买了股票，并看懂了基金报表，目前我已经有价值累计8万元新台币的投资了。

# 父母的感谢信

感谢"财富王国"工作团队的专业和用心，使我的孩子在快乐和分享中学会理财的各种知识，更知道诚实、守信、纪律、节制、慷慨等好品格，这将使他受用一生。

心怡的爸爸

## 小威 11岁

我以后不要一直吵着买玩具，因为需要的东西才买，这样可以省下很多钱，并且可以拿去投资。

以前每次到卖场购物，孩子总是在玩具区流连忘返，即使已经有同类型的玩具还是嘟嘴吵着要我买给他。但自从参加品格理财营之后，我的孩子不仅会仔细分析要买的东西是想要还是需要，而且还会在一边提醒我！现在信信会把剩下来的零用钱存起来。我们全家计划暑假一起去旅行！

信信的妈妈

如果您对儿童与青少年品格理财营队感兴趣，或是想要深入了解我们的财商导师培训项目，敬请关注我们的官方网站及微信公众号。

**九果教育·财富王国**
www.mwpearls.com

# 缘起

2003年，陈圣雄老师在泰国北部美良河村的一所孤儿院从事义工服务。当看到那群无助的孤儿时，他被深深触动，从此决心投入教育事业，希望通过教育，改变孩子的命运，让他们脱离贫穷、困苦和黑暗，成为新一代的社会栋梁。

经过十余年的努力，开展超过千场的培训，如今，陈老师汇集了一支优秀的有志于儿童与青少年财商品格教育的导师团队，总结出一套专业的教学系统，并创立"九果教育"机构，以及"财富王国"青少年财商品格教育品牌。希望透过财商品格教育，让孩子学会妥善运用财富，建立良好的品格基础。让财富与品格做朋友，并以此培育新一代高素养的财商领袖，打造未来的财富之星。

## 作者简介

陈圣雄，台湾亲子理财教育专家，财商教育研究专家，著名理财技能产品及系统课程开发专家。"九果教育·财富王国"青少年财商品格教育品牌创办人、总教官，九果文创有限公司执行长，台湾乐富品格理财教育学会创会理事长。曾任职于花旗集团等国际机构，有超过十年的证券教学及企业培训经验。曾任深圳市南山区"幸福家长学校"特聘讲师、2011年招商银行"亲子财商成长营"课程总教官。中国婚姻家庭咨询师（二级），台湾课后安亲才艺照护培训师（乙级）。编著有《少儿财商素质培养必读》系列教材、《致富密码》等。

现今时代经济发展迅速，理财已经成为人生的一部分。只是在传统教育中很少提出如何理财、如何善用财富及管理自己的人生。 如果我们从小就拥有理财观念，懂得什么是"财商"，相信踏出社会后便能更快地实现梦想。本教材由浅入深地为青少年设计出一套学习"财商"的方法，教材内容全面而又贴近生活。非常期待本教材能遍及华人社会，为下一代青少年打好理财基础！

教育心理学博士 六感教学总会（亚洲）创办人 林国龙博士

自从事寿险产业以来，所着墨的财务规划皆以成人为主体，接触相关理财教育亦以成人区块为重点。认识圣雄老师之后开始接触儿童青少年财商素质教育，其教材浅显易懂、生动活泼，以日常生活中的琐事轻松教导儿童、青少年何谓理财；在有趣的教材活动中带入品格的培养，让儿童、青少年在教材的引导之下逐渐奠定其成人后兼具品格思维的理财思考能力，实为市场中少见的令人赞赏的优质财商素质教育。

崴统保险经纪人股份有限公司执行副总经理 王姵骅

本书的可贵在于以品格教育为核心，建构儿童、青少年理财的正确观念。期盼本书各精心设计的教学单元能透过家长或师长的引导 ，培养孩子成为"君子富，好行其德"的"财德"兼备之人，共创富而好礼的美好社会。

高雄市那玛夏中学校长 吴峻毅

从事理财教育多年，终于看到如此简单易懂且深富教育意涵的儿童、青少年财商教材。它让孩子除了能够学习正确的基础理财观念，同时亦能从中建立良善的价值观，相信必能为社会播下希望的种子，进一步影响孩子的家长，让更多家庭拥有健全的理财智慧，构筑幸福人生。

IARFC 国际认证财务顾问师协会台湾发展中心发展部经理 张斐然

本会因着协助弱势家庭的需要，数年前接触台湾乐富品格理财教育协会并共同举办亲子财商活动。协会讲师们将财商课程上得生动活泼，参与的孩子不论年龄大小都学习得津津有味。对弱势家庭的家长与孩子建立理财观念，其帮助很大。协会至今仍在不同地区持续推展财商课程，这是件重要且不容易的事情，我们予以肯定与赞赏。

当我看到协会把十年来的财商课程经验，整理成教材方案，书中透过真实人物的故事及生活中常见的情况举例等，将理财的基本观念及习惯，以深入浅出的方式让人明白理解，此智慧结晶实属难得。衷心诚挚地推荐给大家，希望能嘉惠各地更多的少儿及成人。

台湾儿福联盟南区办事处主任 张开华

# 目录

第一课

# 生活
# 通行券

焦点思考

想想看，钱是从哪里来的呢？

# 货币的发展

小故事
大道理

几千年前，那时人类还没有钱币的概念。大家都是拿自己拥有的东西，向其他人换取自己没有的东西，也就是所谓的"以物易物"。猎人会用打猎得来的猎物去向农夫换取农作物；农夫则用农作物向猎人交换肉品。交换过程中，人们在意的是自己的需要，而不是我们所谓的"价钱"。

随着需求与欲望愈来愈多，人们渐渐发现以物易物不太方便。例如：猎人想要拿一头野猪去跟农夫换农作物，可是一头野猪到底可以换多少农作物呢？或是到了农夫家才发现，农夫拥有的农作物其实并不够交换一整头野猪，这样他们就没有办法完成物品的交换了。人们就开始想，能不能用其他的东西让交换更顺利呢？起初，人们使用漂亮的贝壳当作以物易物的工具，后来又陆续发展出各式各样的交换工具。

# 深度思考

想想看

## 1 下面哪些是钱呢？请圈起来

# 深度思考

## 2 钱有什么用途呢?

### ☐ 用钱交换想买的东西

在商场里有好多东西,我们可以拿钱去买自己想要的东西。

### ☐ 衡量价值

右图是商场出售的福袋,两个福袋价格不同。当我们还不清楚物品价值时,通常会用价格来初步衡量这件物品的价值。

100元　　200元

### ☐ 储蓄

想要买新书包、买新电脑、去迪士尼乐园玩,这些愿望都需要有足够的钱才能完成。储蓄能够帮助我们实现愿望与梦想!

# 生活应用

## 1 钞票防伪点线面

当货币演进到信用货币阶段时，钞票被大家认定为有价值的交易货币。接着，就有一些想要不劳而获的人，异想天开地认为只要自己能印出钞票就可以拥有无限的财富了。政府为了防止人们私印钞票，就在钞票上加入许多防止伪造的设计。如此，随着印制钞票的技术难度变高，私印钞票的可能性就自然降低许多！我们来找找看钞票上有哪些防伪设计吧！

100 元钞票的防伪设计

各位聪明的小朋友，试着把其他隐藏在钞票里的防伪设计找出来吧！

点：盲文
线：光彩光变数字、光变镂空开窗安全线
面：水印、胶印对印图案、雕刻凹印

## 2 如果我拿到了假钞，我会如何处理呢？

## 智慧
### 珠玑

> 财富不应当是生命的目的，
> 它只是生活的工具。
>
> ——比才

## 聪明带着走

金钱
的用途

钱
只是工具

分辨
真伪的能力

1.请写出自己认为最重要的三样东西，并写下它们的价值。

第一件东西：　　　　　　　我认为值　　　　　　　元

第二件东西：　　　　　　　我认为值　　　　　　　元

第三件东西：　　　　　　　我认为值　　　　　　　元

2.请爸爸妈妈列出他们认为最重要的三样东西，
　并请他们写下它们的价值。

第一件东西：　　　　　　　我认为值　　　　　　　元

第二件东西：　　　　　　　我认为值　　　　　　　元

第三件东西：　　　　　　　我认为值　　　　　　　元

# 第二课

## 阿嬷的理财智慧

### 节俭的美德

**焦点思考**

1. 我认为理财是什么？请在空白处写下来。

2. 智慧是什么？

3. 理财智慧——我听过哪些关于节俭美德的故事呢？

# 绘本作家 塔莎奶奶

## 小故事大道理

塔莎·杜朵
（Tasha Tudor，1915—2008）
图片摘自网络

**塔**莎奶奶是来自美国的绘本插画家和作家，她创作了一百多本图书，并被媒体评选为"最受景仰的女性人物"，也曾荣获最权威的绘本奖——凯迪克大奖。生活在美国新罕布什尔州乡间的塔莎奶奶，在农村生活中克勤克俭，靠着双手抚养四个孩子长大。在日本，她是一位家喻户晓的人物。

GRAN

# 鹿港阿嬷
# 施陈秀莲

施陈秀莲（1923—2001）

施陈秀莲阿嬷，是电脑公司创办人施振荣先生的母亲，也是"台湾阿嬷"的典范。生活中她经历了很多的苦难，譬如家中的厨房就是靠着捡拾路上掉落的煤炭、柴火，来当作免费的燃料。尽管生活艰辛，但施陈秀莲阿嬷从不找人诉苦，她总是想着何不把握时间多做些生意来改善生活。秀莲阿嬷的双手从没停过，整天忙碌在剪刀与缝纫机之间，双脚不停地踩踏缝纫机。

# OMOTHER

# 深度思考

## 阿嬷们给了我们什么启示?

**1** 故事中的两位阿嬷是否具备以下三种智慧?请在框框内打钩。

□ 阿嬷的智慧1: 节省生活中的开支

□ 阿嬷的智慧2: 不乱花钱并且把钱存起来

□ 阿嬷的智慧3: 持之以恒的努力,不放弃

**2** 在故事中,我看到了什么?

(1)从她们身上,我们看到了最简单却又最坚强的力量。

(2)_____ 是阿嬷最简单的攒钱招数。

(3)阿嬷很珍惜_____。如果发现生活周遭有可用的资源,就会善加利用。

**3** 阿嬷节俭的美德,对家庭和社会有什么帮助?

# 生活应用

**1** 使用下列表格，计算一下花费的总金额。

如果这些东西我都不买，10年后我可以为自己省下多少钱？

| 习惯花费的代价 （单位：元） | | | | |
|---|---|---|---|---|
| 物品 | 物品的单价及购买频率 | 1个月花费 | 1年花费 | 10年花费 |
| 豪华汉堡15元，每天1个 | | 450 | | |
| 玩具60元，每月1个 | | | 720 | |
| 饮料2元，每天1杯 | | 60 | | |
| | | | | |
| | | | | |
| 10年总共可以省下 | | | | |

生活应用

**2** 借着阿嬷的故事，
想一想自己有哪些可以改进的花钱习惯。

**3** 我要采取什么行动来改进这个习惯呢？可以和老师、同学、
父母、长辈讨论一下，并把讨论出来的行动计划写下来。

# 智慧珠玑

心中的智慧，优于掌中之金钱。

——萧伯纳

节俭是穷人的财富，是富人的智慧。

——大仲马

# 聪明带着走

阿嬷们的智慧

朴实的美德

节俭的生活态度

1.跟父母亲讨论，家里有什么花费是可以节省下来的。

### 习惯花费的代价（单位：元）

| 物品 | 价格及购买频率 | 1月花费 | 1年花费 | 10年花费 |
|---|---|---|---|---|
| 汉堡 | 每个 15 元，每月买 10 次 | 150 | 1 800 | 18 000 |
| | 每个　　元，每月买　　次 | | | |
| | 每个　　元，每月买　　次 | | | |
| | 每个　　元，每月买　　次 | | | |
| | 每个　　元，每月买　　次 | | | |

2.请写下你的答案，10年可以省下多少钱？

第三课 我的零用钱哪里来

焦点思考

1. 谁给过我零用钱？请圈起来。

爸爸　　　　妈妈　　　爷爷奶奶　　　外公外婆　　　叔叔伯伯　　　姑姑婶婶

2. 我使用零用钱的心得是什么？请写下来。

# 汉朝开国
# 第一功臣
## 韩信的故事

### 小故事
### 大道理

**韩**信是汉朝皇帝刘邦的大将军，在当上大将军之前，因为生活困苦，他常常饿肚子。为了生活，他时常在河边钓鱼，希望碰到好运气。但是，并不是每一次都能钓到鱼。

在他钓鱼的地方，有很多老婆婆在河边洗衣、工作。其中有一位老婆婆，觉得他从小一个人生活，又吃不饱，便把自己的饭分给他吃。

韩信在艰难困苦时，得到了老婆婆的恩惠，很是感激，并对她说，将来必定会报答她。

后来，韩信替刘邦立下不少功劳，成为一位大将军，还被封为楚王。他想起这位老婆婆，便命仆人送酒菜给她吃，还送黄金千两来答谢她。

# 深度思考

**1** 老婆婆为什么要帮助韩信呢？

**2** 当韩信接受老婆婆的恩惠时，他的心里有什么感受呢？

**3** 如果我是韩信，受了恩惠，解决了生活的难题，会对老婆婆说什么感谢的话呢？

**4** 平时爸爸妈妈帮助我，给我零用钱，让我解决生活与学习上的需要，我会对爸爸妈妈做出什么承诺呢？

# 生活应用

## 1 我通常如何使用我的零用钱？请圈起来。

买零食

买饮料

学才艺

买玩具

买文具

买书本

我还会把零用钱用在哪里？请写下来。

生活应用

**2** 向韩信学习，当我拿到零用钱的时候，我可以怎么做呢？

☐ 思考我可以拿这些钱去买什么

☐ 先存起来，等需要用的时候再拿出来

☐ 感谢给我零用钱的长辈

**3** 当爸妈给我零用钱的时候，他们心里会希望我如何用钱呢？

**4** 我可以如何做，来回报爸爸妈妈及给我零用钱的长辈呢？

# 智慧
## 珠玑

毒蛇的牙齿再锋利也敌不过会感恩的孩童。

——莎士比亚

滴水之恩，当涌泉相报。

——中国谚语

# 聪明带着走

懂得感恩

以行动
表达感恩

1.写一篇心得。题目是：我会如何使用我的零用钱。

2.写完心得之后，和爸妈讨论并完成"零用钱使用承诺书"。

## 零用钱使用承诺书

立约人：　　　　　　　　　（请签上自己的名字）

首先，我要感谢　　　　　　让我可以好好使用自己的零用钱。

心得粘贴处：我会如何使用我的零用钱

家长签名

# 第四课
# 想要与需要

分辨想要与需要

焦点思考

### 需要 Needs

少了它就会给生活造成不便，甚至无法生存。例如：空气、水、三餐食物、衣服、遮风避雨的房子、交通工具等。

### 想要 Wants

就算没有了它，生活与生存都不会受影响。例如：蛋糕、名牌包和手表、名贵跑车、电动玩具、电脑、手机。

| 1. 想一想，从上学到现在所购买的文具物品中，我需要的项目有哪些？ | 2. 我想要但不常用到的又有哪些？ |
|---|---|

# 百亿彩票
# 得主的心声
# 早知撕掉彩票

 小故事大道理

**惠**塔克原本是一家公司的老板，每年可以赚1000万美元。在2002年圣诞节，他中了彩票头彩！奖金一共是3亿1500万美元。

惠塔克把彩票头奖所得的钱给他的孙女瑞格，每周给她2000美元当作零用钱。结果瑞格交到了一些坏朋友，不过才两个星期，就被人发现已经死亡，而且死因不明。惠塔克万分后悔自己把钱给了瑞格。

NEEDS

# 赵叔叔
## 的故事

赵叔叔已经上班三年了，但他很苦恼赚的钱不够用。赵叔叔第一年上班的时候，每个月领 3000 元。他用这些钱买 3C 产品、国外进口巧克力，并且每周都出去旅游。就这样，他把每个月的薪水都花光光。

三年后，努力工作的赵叔叔每个月领 6000 元。但是他发现一个奇怪的现象：怎么领的钱变多了，但还是不够用？

& WANTS

深度思考

**1** 赵叔叔把钱花在了哪里？这些花费是想要还是需要？

赵叔叔买了 _____ 。这是 ☐ 想要 ☐ 需要。

赵叔叔买了 _____ 。这是 ☐ 想要 ☐ 需要。

赵叔叔买了 _____ 。这是 ☐ 想要 ☐ 需要。

**2** 我赞同惠塔克每周给孙女 2000 美元的做法吗？为什么？

**3** 从这两个故事里，我看到了什么呢？

# 生活应用

## 我的想要和需要

**1** 对我上学来说，哪些是"需要"？请圈起来。

玩具熊

铅笔

蛋糕

篮球

扑克牌

书包

水壶

比萨饼

**2** 我的想要和需要，与朋友的想要和需要都一样吗？

我和朋友的想要是：☐ 一样的 ☐ 不一样的。

我和朋友的需要是：☐ 一样的 ☐ 不一样的。

**3** 如果我已经有一个书包，还没有用坏，阿姨又买了一个新的书包给我，我要如何做呢？

# 智慧珠玑

知足是天赋的财富，
奢侈是人为的贫穷。
——苏格拉底

# 聪明带着走

什么是
想要

什么是
需要

将钱花在
正确的地方

# 回家作业

1.什么是需要？什么是想要？
　用自己的话把它写下来。

需要就是

想要就是

2.我们生活中有很多事情，例如学业、健康、家务、课外读物、
　补习班、画画、看电视、打游戏、吃饭、洗澡、复习功课……
　让我们一起来学习分辨事情是需要还是想要：

（1）请找到课本后面的贴纸。

（2）分辨哪些贴纸是想要，哪些是需要，哪些是不知道的。

（3）和爸爸妈妈讨论后，把贴纸贴在下一页对应的方框内。

需要（重要的）

想要（不重要的）

其他（不知道的）

# 与世界共同午餐

一个地球
两个世界

焦点思考

1. 让我们说说看，自己昨天晚餐吃了哪些东西。
   晚餐时有什么感觉呢？

2. 如果在回家的路上，遇到饥饿的流浪汉，
   当下我会有什么感觉呢？

# 地球另一端

## 孩子的生活世界

### 小故事 大道理

当大家开心地说着昨晚吃了什么食物的时候，地球上却有1亿9000万的小朋友想告诉大家，他们已经好久没有吃饱喝足，他们必须出去做苦工才可以活下来。世界贫困人口总共约有10亿，如果我们按成人与孩子人数1：1的比例计算，全世界贫困孩童就有好几亿人，这是一个非常可怕的数字。

| 世界银行贫困资料估计（贫困：每天收入低于1.9美元） | | | | |
|---|---|---|---|---|
| 地区 | 贫困人口比例（%） | | 贫困人口数（百万） | |
| | 2011 | 2012 | 2011 | 2012 |
| 东亚及太平洋地区 | 8.5 | 7.2 | 173.1 | 147.2 |
| 欧洲和中亚 | 2.7 | 2.5 | 12.7 | 12.0 |
| 拉美及加勒比地区 | 6.5 | 6.2 | 37.7 | 37.1 |
| 南亚 | 22.2 | 18.8 | 362.3 | 309.2 |
| 撒哈拉以南非洲 | 44.3 | 42.6 | 393.5 | 388.5 |
| 全球 | 14.2 | 12.8 | 987.4 | 902.0 |

　　另外，在非洲南部有个国家叫作马拉维，它的首都利隆圭旁有个小村庄。在2010年，有一群人来到这个小镇，看见农作物都枯萎了，也没有发现任何青年男女。起初，这群人以为年轻人都去田里工作或者去城市打工了，但是后来村长悲伤地摇头说，那些孩子几乎都死了。

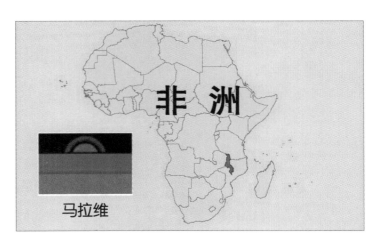

马拉维

# 深度思考

**1** 为什么非洲马拉维小村庄里的孩子几乎都死了呢?

**2** 地球上的贫困儿童他们都生长在哪里呢?
我能在世界地图上把这些区域指出来,并写在空白处吗?

**3** 贫困儿童的四秒钟:从一数到四,我知道发生了什么事吗?

# 1 他们和我们有什么不同?

这是从柬埔寨拍回来的纪录照片。照片里是一座垃圾山,上面有几间房子,你觉得里面有人住吗? 住在那里的人,他们在做什么呢?

| | 贫困的孩子 | 我们 |
|---|---|---|
| (1) | 住在垃圾山上简陋的房子里 | |
| (2) | 在垃圾山上找可穿的衣服和勉强可以吃的食物 | |
| (3) | 在垃圾山上找可用的东西拿去卖钱 | |

生活应用

**2** 我们如何体会父母的辛苦，珍惜家中资源以帮助自己的家庭？

**3** 我可以向富翁比尔·盖茨学习。

美国微软公司创始人比尔·盖茨，是一位亿万富豪。他成立的盖茨基金会，与巴菲特先生一同提供了 4 亿 3660 万美元的赞助经费，为发展中国家提供医疗及疫苗注射服务。他们赚了钱，然后去帮助世界上需要帮助的人和地方。

## 智慧 珠玑

施惠勿念，受恩莫忘。

——《朱子家训》

## 聪明带着走

体验一个地球
两个世界的生活

珍惜
现有的一切

1.找一找，在我身边，有谁需要帮助？我可以如何帮助他？

2.如果我要帮助柬埔寨那些贫困的人，我可以从哪里着手？

3.请画出自己可爱的笑脸，向世界传递我心中美丽的温情。

第六课

# 三个储蓄罐

焦点思考

头脑风暴一下，如果我现在需要 50 元，除了开口向家人要之外，我还可以怎么做呢？

# 妲妲的苦甜菜

## 小故事大道理

妲妲的爸爸是石坪派出所的警察。有一年秋天，爸爸生病了，常常咳嗽，身体虚弱得无法工作。妲妲问妈妈："爸爸怎么了？"妈妈说："是肺结核，所以爸爸咳嗽时你不要靠近。"爸爸把他的毛巾、牙刷、杯子放在高处，以免妲妲碰到被传染。顽皮好奇的妲妲踮起脚伸手拿，却听见爸爸大吼："放回去！"她就赶紧溜出去了。

爸爸无法工作，妈妈开始想该怎样维持生计。于是她买来七只小猪仔，教五岁的女儿妲妲把地瓜叶切碎，煮地瓜叶时把地瓜顺便一起放进锅里煮。煮熟后，小猪仔吃地瓜叶，妲妲一家吃地瓜。接着妈妈带着妲妲把派出所前面一大块空地的杂草拔除，又向邻居借了牛和犁，花一整天把土地犁松了，把它变成一片田地。妈妈犁田的时候，妲妲在田间摘苦甜菜的嫩芽尖，还摘下浆果，用一个小罐子装起来带回去和爸爸一起吃，因为爸爸跟妲妲说过，苦甜菜的黑色浆果最好吃。

后来妈妈带妲妲到街上去买花生种子。妲妲问妈妈为什么种花生。妈妈说："花生不用浇水，不太需要施肥，比较好照顾。"于是妲妲和妈妈一起种花生，把花生一颗一颗埋进泥土里。妈妈帮妲妲做了一条可爱的吊带裤，是深蓝和紫红色条纹的。卖花生种子的老板娘看到了，就请妈妈也帮她的孙子做一条吊带裤。妈妈的裁缝手艺越来越有名，许多人来请她帮忙做衣裳。

夏天到了，花生渐渐发苗长出叶子。下了一场雨之后，妈妈和妲妲在田里收花生，流了好多汗，但是收了好多花生。妲妲和妈妈把花生卖给商人榨花生油，买了爸爸的药回来。晚上，妲妲在妈妈嘎吱嘎吱的缝纫机旁睡着了，妈妈仍然忙着帮客人做洋装。

小猪仔慢慢长大，妈妈把小猪仔卖给屠宰场，买了爸爸的药，又买了一块红色帆布。妈妈帮妲妲做一个漂亮的红色小书包。这一天，爸爸体力比平常好许多，他教妲妲做风筝。爸爸唱着歌，妲妲背着红书包，明净的蓝天上飘着白云。白色的菱形风筝做好了，妲妲和爸爸一起来到田野里，爸爸叫她拿着风筝高高举起，他拉着线跑到远处，对妲妲大喊："放！"风筝就这么飞起来了！

# 深度思考

## 1

爸爸生病之后，妈妈带着妲妲做了哪些事？

养小猪仔

种花生

放风筝

缝纫衣服

买布

拔除杂草

一起唱歌

摘苦甜菜

买爸爸的药

## 2

哪些东西在经过一段时间之后会变大？

小猪仔

吊带裤

风筝

红色书包

花生

蔬菜

**3** 努力经营生活，终于有钱给爸爸买药了。当爸爸身体好起来的时候，妲妲会有什么样的心情？

**4** 如果我是妲妲，我会如何在爸爸生病时帮助妈妈呢？

# 1 规划不同用途的储蓄罐

妲妲的妈妈有三样累积财富的法宝：养小猪、种花生、做衣服。赚到钱时，将钱分为三种用途：日常生活、养小猪、买爸爸的药。用于日常生活的是"消费支出"储蓄罐，用来买药的是"爱心奉献"储蓄罐。养小猪的开销则是"投资理财"储蓄罐，因为这是可以让钱变多的投资。

# 2 大家一起来动手做

用厚纸板制作三个储蓄罐。依据不同用途，在储蓄罐的表面上色，或贴上相关图片。

# 智慧珠玑

斧头虽小，但经多次劈砍，终能将一棵最坚硬的橡树砍倒。

——莎士比亚

世间没有一种具有真正价值的东西，可以不经过艰苦辛勤劳动而能够得到。

——爱迪生

# 聪明带着走

三个
储蓄罐

帮钱分类

1.彩绘美化三个储蓄罐并拍照，然后利用这三个储蓄罐分配自己的金钱。

请把做好的储蓄罐照片贴在这里

2.算算看

（1）如果爸妈一天给我5元，我都存下来，一个月后我将拥有多少钱？

（2）我想买一个60元的铅笔盒，如果一天能存5元，请问要存几天才能把它买回来？

第七课

# 365 随身秘籍

哪些人需要记账呢？

# 理财名人 的传家宝

## 小故事 大道理

### 理财名人——何丽玲

何丽玲小档案

台湾春天酒店原董事长，现任春天诊所董事长，曾在大陆投资"两岸咖啡"餐饮事业，积累了相当的财富。长相甜美，又有精明的理财头脑，是集美丽和智慧于一身的代表性人物。

何丽玲在小时候就开始被祖母训练如何记账。每天花了多少零用钱，领了多少红包，祖母都要求她记得一清二楚。到后来，"记账本"成为她理财致富最重要的工具之一。

她小时候在睡觉前做的事情跟其他小朋友不一样噢！别的小朋友是听床边故事入睡，何丽玲却要花上至少五分钟的时间来记录自己每天所花的钱。她在 22 岁时就累积到人生的第一桶金，迄今身价过亿。

# 洛克菲勒家族的传家宝
## ——记账养成诚实的好品格

戴维在 7 岁时，他的父亲对他说："从现在开始你可以每周获得 30 美分的零用钱，我想听听你打算如何规划这 30 美分。"戴维回答："爸爸，我将用 10 美分买我最喜爱的巧克力。另外，我想和哥哥们一样拥有一个存钱罐，我每周将 10 美分放进去。剩下的 10 美分将留作备用，如果到星期六还没用，我想做礼拜时捐给教堂。"父亲说："对你的处理我十分满意，可爱的孩子。不过，我还有一个小小的要求，就是除了每周的零用钱，我还会给你一个小本子，你必须在本子上记下每笔钱的用途。"

"爸爸，有这个必要吗？"戴维不解地问，"您说过这是我的零用钱，我可以自行处理的！"父亲说："当然有必要，这是你祖父创立的传统。我们家的每个孩子都要这样做，在晚上睡觉之前，记下花钱的原因、数目，并给这笔开支的必要性做一个合情合理的解释。更重要的是，所有的记录都必须真实，你知道，诚实是最宝贵的。"

这个故事，记录在一本叫作《洛克菲勒回忆录》的书中。约翰·D.洛克菲勒是 19 世纪美国历史上第一位亿万富豪与全球首富。这本书正是他的孙子戴维·洛克菲勒所写。

19 世纪美国史上第一位亿万富豪
约翰·D.洛克菲勒
（John D. Rockefeller，1839—1937）
图片摘自洛克菲勒档案中心

# 深度思考

## 1 为什么要记账呢?

## 2 记账有哪些好处呢?

- [ ] 让自己知道花了多少钱
- [ ] 让自己不乱花钱
- [ ] 让自己存钱

# 生活应用

## 1 365 随身秘籍

我们一起来学习使用 365 随身秘籍：

（1）日期：花掉或获得金钱的日期。

（2）项目：买了什么东西，记下来才知道。

（3）收入：自己获得的钱。

（4）储蓄：存起来的钱。

（5）分享：分享给别人的钱。

（6）花费：自己花掉的钱。

（7）需要：指生活必须用到并且不能缺少的。

（8）想要：生活中不一定需要用到，但是想要买的。

（9）结余：计算收入或花费后，自己还有多少钱。

| 365 随身秘籍：使用范例 | | | | | |
|---|---|---|---|---|---|
| 日期 | 项目 | 收入 | 储蓄 | 分享 | 花费 | 结余 |
| 3月1日 | 零用钱 | 500 | | | 想要 / 需要 | 500 |
| 3月12日 | 铅笔盒、橡皮擦 | | | | 120　想要 / (需要) | 380 |
| 3月20日 | 洋娃娃 | | | | 150　(想要) / 需要 | 230 |
| 3月31日 | 捐款 | | | 50 | 想要 / 需要 | 180 |
| 3月31日 | 存银行 | | 180 | | 想要 / 需要 | 0 |

知道每个格子要填入什么后，我们开始来学习怎么记账吧！

| 理财小帮手 | 收入 － 储蓄 － 分享 ＝ 花费（想要 ＆ 需要） |
|---|---|

# 生活应用

**2** 又是一个新学期的开始，就要上学啦，有好多要准备的东西。爸爸妈妈给了身为理财小达人的你 200 元去采购，每位同学要采购 8 件物品。采购完之后，必须将内容填写到右页的"365 随身秘籍"里才算完成任务噢！

## 大卖场选购商品

书包：60 元　　汉堡：15 元　　尺：5 元　　橡皮擦：5 元　　篮球：50 元

玩具熊：100 元　　铅笔：5 元　　饮料：10 元　　彩色笔：45 元　　蛋糕：20 元

比萨饼：30 元　　铅笔盒：25 元　　漫画书：10 元　　水壶：25 元　　扑克牌：10 元

请身为理财小达人的你，把你在大卖场里买来的开学用品记录在下方的"365随身秘籍"中。别忘记先把爸爸妈妈给你的200元记录上去噢！

| 日期 | 项目 | 金额（元） | | | 花费 | 结余 |
|---|---|---|---|---|---|---|
| | | 收入 | 储蓄 | 分享 | | |
| | | | | | 想要 | |
| | | | | | 需要 | |
| | | | | | 想要 | |
| | | | | | 需要 | |
| | | | | | 想要 | |
| | | | | | 需要 | |
| | | | | | 想要 | |
| | | | | | 需要 | |
| | | | | | 想要 | |
| | | | | | 需要 | |
| | | | | | 想要 | |
| | | | | | 需要 | |
| | | | | | 想要 | |
| | | | | | 需要 | |
| | | | | | 想要 | |
| | | | | | 需要 | |
| | | | | | 想要 | |
| | | | | | 需要 | |
| | | | | | 想要 | |
| | | | | | 需要 | |
| | | | | | 想要 | |
| | | | | | 需要 | |
| | | | | | 想要 | |
| | | | | | 需要 | |
| | | | | | 想要 | |
| | | | | | 需要 | |
| | | | | | 想要 | |
| | | | | | 需要 | |

## 智慧珠玑

习惯真是一种顽强而巨大的力量，它可以主宰人的一生，因此，人从幼年起就应该通过教育培养一种良好的习惯。

——培根

# 聪明带着走

记账的好处

如何使用
365 随身秘籍

1.我们家里是谁在管理金钱呢？他是用什么方法管理金钱的呢？

2.请使用365随身秘籍，持续一周记录我的每日收支。

### 365 随身秘籍

| 日期 | 项目 | 收入 | 储蓄 | 分享 | 花费 | 结余 |
|------|------|------|------|------|------|------|
| | | | | | 想要 | |
| | | | | | 需要 | |
| | | | | | 想要 | |
| | | | | | 需要 | |
| | | | | | 想要 | |
| | | | | | 需要 | |
| | | | | | 想要 | |
| | | | | | 需要 | |
| | | | | | 想要 | |
| | | | | | 需要 | |
| | | | | | 想要 | |
| | | | | | 需要 | |
| | | | | | 想要 | |
| | | | | | 需要 | |

# 我是金钱好管家

## 理财传家宝——奖励活动

只要使用"365随身秘籍",持续三个月记录自己的生活花费,并写下自己对使用"365随身秘籍"的心得,就可以免费获得两本精美的"365随身秘籍"!拿到之后可以自己使用,也可以分享给一位好朋友,让他也知道记账的好处多多!

## 索取奖励的方法

1. 请用照相机拍下(电脑扫描也可以)"365随身秘籍"已完成的内容,证明我确实完成了三个月的记账工作。需要拍下的资料包括:
   (1)记账明细,一个月一张;
   (2)三个月的记账成果。
2. 请写一篇200～300字的使用心得。
3. 别忘了告诉我们您的姓名、电话及地址,好让我们可以把精美的"365随身秘籍"寄到您家噢!
4. 请不要直接把"365随身秘籍"寄回来。因为这是您个人努力的成果,也是回顾过去使用金钱的重要记录噢。

准备好您的资料后,请以电子邮件的方式寄到 welearntolove@gmail.com
信件主题请写:我是金钱好管家,请给我两本"365随身秘籍"

如果所在地区没有网络或电脑,
可用复印的方式完成,并将资料寄到:
广东省深圳市福田区彩田南路海天综合大厦806
海天出版社海外读物编辑部 收
邮政编码:518033

## 备注说明

1.文件寄送至本公司,代表您同意您的姓名、记账图片以及使用心得,授权给本书作者及本公司推广使用。
 (注:您的姓名会以化名方式出现,电话及地址则不会公布)
2.赠送的"365随身秘籍",数量有限,送完为止。
3.本公司保有变更及取消活动的权利。

# 让爱传出去

## 焦点思考

知道吗，我真的超级幸运？我在生活中是否拥有，或者可以经常接收、感受到这些呢？请圈起来。

拥抱

爱

笑容

家人

睡觉

好朋友

# 美国电影故事
# 让爱传出去

## 小故事大道理

在一所小学的社会课上，老师对学生们说："如果你不喜欢这个世界，那么从今天开始，你要想一个办法，把不想要的东西通通丢掉，把这个世界重新改造一次。"于是，这位老师出了一个课题：想出一个改变世界的方法并采取行动！

SP

班上的一位同学在思考之后，想出了一个改造世界的计划："以我作为开始，无条件地帮助三个人，帮他们做一些他们自己无法完成的事，他们不必回报我，只要分别另外帮助三个人，让爱传出去，让这个世界更美好。"

虽然过程并没有想象中那么顺利，也遇到了一些困难，然而出乎意料的是，受到帮助的人真的将他们的爱传播了出去！男主角的爱自拉斯维加斯开始，一路传到了洛杉矶，帮助了许多人 —— 他真的做到了让爱传出去，使世界更美好！这是一个真实的故事，一个生长于单亲家庭的 12 岁孩子，用了四个月就改变了很多人的命运。

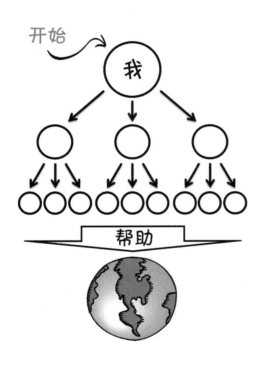

开始

我

只要每一个人都帮助三个人

$1 \times 3^n = \infty$

帮助

就能帮助全世界了

EAD LOVE

# 深度思考

## 分享

**1** 如果我和好朋友分享一颗从家里带来的糖果，朋友告诉我："这个糖果真好吃，谢谢你。"我会有什么感觉呢？

**2** 以后会不会想要对他更好，有东西会再跟他分享呢？

# 生活应用

**1** 下列图片中哪些是我拥有的呢？请把它们圈起来。

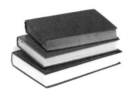   

除了这些，我还拥有什么呢？

**2** 我可以分享哪些东西，让世界更美好呢？
请把它们圈起来。

加油打气

给予微笑

付出时间

给予金钱

扶助他人

一个想法

**3** 说说看，我还有哪些东西可以分享呢？

## 智慧珠玑

爱是恒久忍耐，又有恩慈；爱是不嫉妒；爱是不自夸，不张狂，不做害羞的事，不求自己的益处，不轻易发怒，不计算人的恶，不喜欢不义，只喜欢真理；凡事包容，凡事相信，凡事盼望，凡事忍耐。爱是永不止息。

——《圣经》

德行善举是惟一不败的投资。

——梭罗

## 聪明带着走

我很富足

分享
是快乐

感恩知足

1.这个星期就去帮助三个人，和三个人分享爱。我做了些什么，让爱传出去呢？

| | 对象 | 我的行动 | 心得 |
|---|---|---|---|
| (1) | | | |
| (2) | | | |
| (3) | | | |

2.帮助人的时候是否会遇到困难呢？下次我可以怎么做？

3.想一个让我感恩的人，具体写下他对我做的让我感恩的事情，以及我要向对方说的感谢的话。然后，把这些话亲自对那个人说。

我要感谢你，因为

# 致富藏宝图

焦点思考

1. 我花钱之前，都想了些什么？

2. 为什么花钱要有计划呢？

第九课 致富藏宝图　67

# 神秘藏宝图的故事

## 小故事大道理

有一天，冠宇在放学回家的时候发现路边有一只受伤的小鸟，冠宇把小鸟带回家疗伤，并且细心地照顾它直到它痊愈。这一天，冠宇正准备把小鸟放出去，没想到，那只小鸟竟然变成一个小精灵。小精灵拿出一张藏宝图，对冠宇说："冠宇，为了感谢你，我要送你这张藏宝图，只要能找到图里的宝藏，你就会得到一辈子享用不尽的财富。"

冠宇一听，开心得张大了嘴："哇！一辈子享用不尽的财富，那会有多少啊？数都数不完吧！我要买些什么呢？"这时候，小精灵提醒冠宇说："要寻到宝藏，得先学会买东西之前的'消费停看听'，才能找到宝藏噢！"冠宇问小精灵："消费停看听？这是什么？"

小精灵说:

第一招:停

停一下,我们要把钱花在买什么东西上?
停一下,这些东西是想要的还是需要的?
停一下,买了之后,我们可以用多久?

第二招:看

看一下,如果买了,我还剩下多少钱?
看一下,有没有其他地方卖得更便宜?
看一下,有没有我之后需要买,但是钱却
　　　　不够的东西?

第三招:听

听一下,找妈妈讨论一下,怎么买比较好。
听一下,找爸爸讨论一下再买。

　　小精灵继续说:"除了这三个步骤之外,这个藏宝图上还有张表格。若你能够照指示完成,图里的宝藏自然就跑出来了。"

买东西前,智慧消费五步骤的指令:

1. 列出购买清单;
2. 分辨什么是我需要的;
3. 分辨什么是我想要的;
4. 取舍、缩小购物范围;
5. 排列购买的优先顺序。

# 深度思考

**1** 我花钱的时候会"停看听"吗？这样做有什么好处呢？

**2** 藏宝图内的表格如下：

| 步骤一 | 步骤二 | 步骤三 | 步骤四 | 步骤五 |
|---|---|---|---|---|
| 想买的东西 | 需要／想要 | 为什么要买 | 马上买／慢一点买 | 优先顺序 |
| 铅笔 | 需要 | 还有两支，但铅笔是消耗品 | 买新的 | 2 |
| 削铅笔机 | 需要 | 原有的坏掉了 | 买新的 | 1 |
| 新书包 | 想要 | 原有的还能用，想再要新的 | 买了，这个月零用钱就花光了，下个月再考虑 | ~~3~~ |
| 名牌球鞋 | 想要 | 刚出的限量款，很酷！ | 太贵，存够钱再买 | ~~4~~ |
| 电脑游戏点数 | 想要 | 朋友都在玩，自己也想玩 | 暂时不买 | ~~5~~ |

为什么在步骤五里的项目"优先顺序"中，
3、4、5 都被画了"X"呢？

生活应用

如果爸爸妈妈一个星期给我 100 元零用钱，一个月后，我手中拥有 400 元可以拿来买东西，请参考下列物品，将下一页的"致富藏宝图"完成吧！

| 圆珠笔 4 支 | 生日蛋糕 | 名牌球鞋 | 珍珠奶茶 |
|---|---|---|---|
| 10 元 | 40 元 | 140 元 | 10 元 |

| 篮球 | 玩具熊 | 作业簿 | 铅笔盒 |
|---|---|---|---|
| 80 元 | 70 元 | 6 元 | 30 元 |

| 巧克力糖 | 新书包 | 玩具车 | 钥匙圈 |
|---|---|---|---|
| 20 元 | 80 元 | 70 元 | 20 元 |

生活应用

我想买的东西有哪些呢？这些东西对我来说到底是想要还是需要呢？来填填看吧！

## 致富藏宝图

| 步骤一 | 步骤二 | 步骤三 | 步骤四 | 步骤五 |
|--------|--------|--------|--------|--------|
| 想买的东西 | 需要／想要 | 为什么要买 | 马上买／慢一点买 | 优先顺序 |
| | | | | |
| | | | | |
| | | | | |
| | | | | |
| | | | | |
| | | | | |
| | | | | |
| | | | | |
| | | | | |

# 智慧珠玑

殷勤筹划的，足致丰裕；
行事急躁的，都必缺乏。

——《圣经》

## 聪明带着走

消费
停看听

智慧消费
五步骤

智慧
藏宝图

询问爸爸妈妈最近是否有想买的东西。请和爸爸妈妈一起，将想要购买的东西写下，并完成这张"致富藏宝图"。

## 致富藏宝图

| 步骤一 | 步骤二 | 步骤三 | 步骤四 | 步骤五 |
|---|---|---|---|---|
| 想买的东西 | 需要 / 想要 | 为什么要买 | 马上买 / 慢一点买 | 优先顺序 |
| | | | | |
| | | | | |
| | | | | |
| | | | | |
| | | | | |
| | | | | |
| | | | | |
| | | | | |

第十课

# 15分钟的等待

焦点思考

## 1. 想想看，15分钟的时间，对我来说是长还是短呢？

下面有一些事情，我们来做做看：

（1）吃午餐15分钟： ☐ 很长 ☐ 刚好 ☐ 很短

（2）做作业15分钟： ☐ 很长 ☐ 刚好 ☐ 很短

（3）做家事15分钟： ☐ 很长 ☐ 刚好 ☐ 很短

（4）玩游戏15分钟： ☐ 很长 ☐ 刚好 ☐ 很短

（5）洗澡15分钟： ☐ 很长 ☐ 刚好 ☐ 很短

## 2. 如果现在眼前有吃不完的主食、水果、点心、饮料，我会怎么做？我会让自己吃得很饱，还是适量选择自己喜欢的食物？

# 别急着吃棉花糖

美国斯坦福大学的心理学家沃尔特·米歇尔，为了研究有关人类自制力的课题，在幼儿园里找了许多四岁的孩子，进行了一场简单且有趣的实验。米歇尔的实验是这样的：他一次带一个孩子进入房间，房间内只有一张桌子，一张椅子，还有放在桌上的一个盘子。

## 都是贪吃惹的祸

汤米今天特别高兴，因为他得到了一张自助餐厅的免费用餐券。汤米决定今天晚上就去吃这顿令人愉快的自助餐。餐厅一开门，汤米就冲了进去，拿起小盘子开始寻找他喜欢的食物。哇！不一会儿汤米的桌子上就摆了满满十盘食物。

汤米吃到一半的时候，就觉得已经吃饱了。他擦擦嘴，然后把那张用餐券给了服务员，准备离开。可是，服务员却拦住了他，说："对不起，先生，按照餐厅的规定，食物剩下太多是要罚款的，请您再交50元。"汤米选择把十盘食物都吃完，吃完后，他连腰都挺不直了。

没想到更糟的是，汤米回到家后，开始肚子痛，最后他忍不住了，只好去看医生。医生对汤米说："你得了肠胃炎！从现在开始，你每天只能喝很少的稀饭，不能吃其他东西，至少要过一个星期，等到你完全好了为止。"

他在孩子面前把一块棉花糖放在盘子里，然后告诉孩子他会离开房间15分钟，如果他回来时棉花糖还在桌上，他会再给这个孩子一块棉花糖作为奖励。但如果孩子吃了棉花糖，实验就此结束，孩子拿不到第二块棉花糖！结果，只有三分之一的孩子拿到了第二块棉花糖，其他的孩子都失败了。

GREEDY

# 深度思考

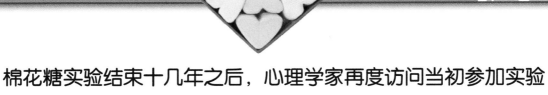

棉花糖实验结束十几年之后，心理学家再度访问当初参加实验的孩子，追踪他们长大后的生活。发现……

**1** 选选看，当时没吃棉花糖的孩子，长大后生活整体表现

☐ 较佳　　　☐ 不佳

而吃下棉花糖的孩子

☐ 生活过得很好　　　☐ 生活过得不好

**2** "等待"对于这些孩子的未来有什么影响呢?

**1** 根据这堂课所学的，想想看，如果有人在地铁上吃东西，完全不理会旁边的人，你会有什么感受呢？

**2** 放学后，回到家中的时间我要如何安排呢？
下面有五个选项，请依照优先顺序列在空白处。
说说看我为什么这样安排。

A. 看电视　　B. 洗澡　　C. 做作业 / 复习功课　　D. 睡觉　　E. 做家务

## 智慧珠玑

自我控制是最强者的本能。

——萧伯纳

善于等待的人，一切都会及时来到。

——巴尔扎克

## 聪明带着走

培养节制
的好品格

安排生活
优先次序

## 用一周的时间，培养自己节制的好品格吧！

1. 和爸妈一起讨论，找出我每天回家要做的事情，例如：做作业、做家务、玩游戏、看书等等。根据它们的重要性，依次填在下表的"每一天要做的事情"栏里。

2. 用一周的时间，记录我每天做事的先后次序！

3. 一周功课完成后，给自己训练节制的成果打个分数吧！

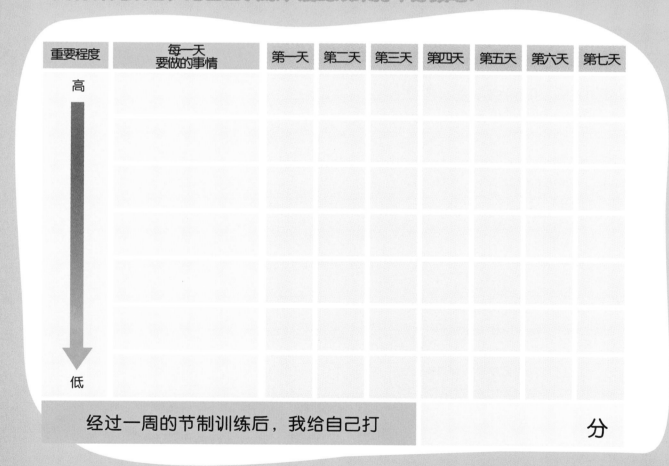

| 重要程度 | 每一天<br>要做的事情 | 第一天 | 第二天 | 第三天 | 第四天 | 第五天 | 第六天 | 第七天 |
|---|---|---|---|---|---|---|---|---|
| 高 |  |  |  |  |  |  |  |  |
|  |  |  |  |  |  |  |  |  |
|  |  |  |  |  |  |  |  |  |
|  |  |  |  |  |  |  |  |  |
|  |  |  |  |  |  |  |  |  |
|  |  |  |  |  |  |  |  |  |
| 低 |  |  |  |  |  |  |  |  |

经过一周的节制训练后，我给自己打　　　　　　分

举例：我的"每一天要做的事情"依重要程度排列为：做作业、做家务、玩游戏。而我第一天的结果，是玩完游戏后，去帮忙做家务，做完才去做作业。因此，就在"玩游戏"事项后面的"第一天"里写"1"，"做家务"写"2"，"做作业"写"3"。

**图书在版编目（CIP）数据**

少儿财商素质培养必读：初级版 / 陈圣雄著. —
深圳：海天出版社, 2016.5
　　（财富王国系列）
　　ISBN 978-7-5507-1595-0

　Ⅰ.①少… Ⅱ.①陈… Ⅲ.①财务管理－少儿读物
Ⅳ.①TS976.15-49

　　中国版本图书馆CIP数据核字(2016)第065736号

# 少儿财商素质培养必读：初级版
SHAOER CAISHANG SUZHI PEIYANG BIDU： CHUJI BAN

出 品 人　聂雄前
责任编辑　许全军 付方赞
责任校对　陈少扬
责任技编　梁立新
装帧设计　知行格致

───────────────────────────────

出版发行　海天出版社
地　　址　深圳市彩田南路海天综合大厦7-8层（518033）
网　　址　http://www.htph.com.cn
订购电话　0755-83460202(批发)　83460239(邮购)
设计制作　深圳市知行格致文化传播有限公司
印　　刷　深圳市新联美术印刷有限公司
开　　本　787mm×1092mm　1/16
印　　张　5.5
字　　数　90千字
版　　次　2016年5月第1版
印　　次　2016年5月第1次
定　　价　29.80元